学习

Eureka Math®
2年级
模块1-3

Great Minds PBC is the creator of Eureka Math®,
Wit & Wisdom®, Alexandria PlanTM, and PhD ScienceTM.

Published by Great Minds PBC. greatminds.org

Copyright © 2020 Great Minds PBC. All rights reserved. No part of this work may be reproduced or used in any form or by any means—graphic, electronic, or mechanical, including photocopying or information storage and retrieval systems—without written permission from the copyright holder.

ISBN 978-1-64929-253-7

1 2 3 4 5 6 7 8 9 10   CCD 25 24 23 22 21 20

Printed in the USA

学习·练习·成功

Eureka Math® 的学生教材 *A Story of Units*® (幼儿园到 5 年级) 可以在学习、练习和成功三合一课程中取得。本系列支持差异学习和辅导,同时保持学生教材条理清晰且易于使用。教育人员会发现学习、练习 和成功系列还具备连贯性的介入响应模式(Response to Intervention / RTI),因此学习更有效率,并提供额外练习和夏季学习资源。

学习

Eureka Math 学习可作为学生展示自己的想法、分享他们知道的内容、看著他们每天累积知识的课堂伙伴。学习通过容易存放和浏览的书册集合了每日的课堂作业——应用题、课堂反馈条、习题集和模版。

练习

每堂 *Eureka Math* 课程从一系列充满活力、欢乐的熟练度活动开始进行,包括 *Eureka Math* 练习的内容。精通数学的学生可以更深入地掌握更多教材。通过练习,学生将掌握新习得的技能,并加强以前的学习,为下一堂课做准备。

学习和练习提供学生用于核心数学教学所需的所有印刷教材。

成功

Eureka Math 成功让学生可以独自学习并精通内容。每一课的额外习题集都与课堂的教学一致,因此非常适合当作家庭作业或额外练习。每个习题集都伴随一个家庭作业助手,它是一组说明如何解决类似习题的练习例题。

老师和导师可以使用前一年级的成功课本作为课程一致性的工具,以填补基础知识的落差。随着熟悉的模块促进与当前年级内容的联结,学生将能更快地成长与进步。

学生、家庭和教育人员：

谢谢您加入 *Eureka Math*® 社区，我们在此赞扬数学带来的乐趣、美好和震撼。

通过丰富的经验和对话，新的学习会在 *Eureka Math* 的课堂中获得启发。学习课本将学生所需的提示和习题顺序交到他们的手中，以展现并巩固他们在课堂里的学习。

学习课本里有什么内容？

应用题：解决现实世界脉络的问题是 *Eureka Math* 日常教学的一部分。学生在各种全新的情况下运用他们的知识，可建立信心和毅力。本课程鼓励学生使用 RDW 流程—阅读习题，画图以理解习题，并写出算式和解题方法。当学生分享他们的作业并互相解释他们的解题策略时，教师会提供帮助。

习题集：精心安排的习题集让学生有机会能在课堂上进行独立作业，并提供多种不同的切入点。老师可以使用"准备和定制"流程为每个学生选择"必须做"的题目。某些学生会比其他人完成更多题目；重要的是，通过老师稍微的提点，所有学生都有 10 分钟的时间立即练习所学内容。

学生将习题集带到每堂课的高峰点——学生汇报。在此学生会与同学和老师进行反思，说明并强化他们当天有疑问、注意到和学习到的东西。

课堂反馈条：学生通过每日的课堂反馈条向老师展示他们的知识。这项理解程度的检查为老师提供了当天教学成果的珍贵实时证据，进而为下一次的教学重点提供重要的洞见。

模板：有时，"应用题"、"习题集"或其他课堂活动要求学生拥有自己的图片副本、可重复使用的模型或数据集。这些模版会在需要用到的第一堂课提供。

在哪里可以了解更多 Eureka Math 的资源？

Great Minds® 团队致力于通过不断扩充的资源库为学生、家庭和教育人员提供强有力的支持，请访问：eureka-math.org 。该网站还在Eureka数学社区提供了一些令人振奋的成功案例。通过成为Eureka数学优胜者与其他用户分享您的见解和成就。

祝福您一整年都充满着灵光乍现的时刻！

吉尔·迪尼兹（Jill Diniz）
数学总监
Great Minds

读–画–写流程

Eureka Math 课程让老师通过简单且可重复的教学流程支持学生解决问题。读–画–写（RDW）流程要求学生

1. 阅读习题。
2. 画图与标记。
3. 写出算式。
4. 写出句子（陈述）。

本课程鼓励教育人员加入以下问题来加强教学流程，例如：

- 你看到了什么？
- 你能画点东西吗？
- 你可以从图画中得出什么结论？

通过这种系统性与开放性的方法，学生参与习题推理的程度越深，他们就越能将思考过程内化吸收，并且在未来更能直觉性地应用这些技能。

内容

模块1：100以内的总和与差

题目A：100以内总和与差的熟练度基础
　　第1课 3
　　第2课 5

主题B：开始100以内的加减熟练度练习
　　第3课 7
　　第4课 13
　　第5课 19
　　第6课 25
　　第7课 31
　　第8课 37

模块2：长度单位的加减

主题A：了解标尺的概念
　　第1课 45
　　第2课 51
　　第3课 57

主题B：使用不同的测量工具测量和估算长度
　　第4课 63
　　第5课 69

主题C：使用不同的长度单位测量和比较长度
　　第6课 75
　　第7课 85

主题D：将加减与长度相关联
　　第8课 91
　　第9课 97
　　第10课 105

模块2：1000以内的位值、计数和数字比较

主题A：形成以十为基本单位的十、百和千

第1课 111

主题B：了解1,10和100的位值单位

第2课 115

第3课 121

主题C：单位、标准、扩展和文字形式的三位数

第4课 127

第5课 139

第6课 147

第7课 153

主题D：用钱币给1000以内的基数10建模

第8课 161

第9课 171

第10课 177

主题E：用位值磁盘给1,000以内的数建模

第11课 183

第12课 189

第13课 195

第14课 203

第15课 211

主题F：比较两个三位数

第16课 215

第17课 221

第18课 229

主题G：求出比数字大或小1,10或100的数字

第19课 235

第20课 241

第21课 247

2年级模块1

姓名 _____ 日期 _____

1. 加法或减法。完成数字键以匹配。

   a. 9 + 1 = ____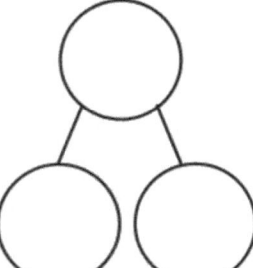

   1 + 9 = ____

   10 - 1 = ____

   10 - 9 = ____

   b. 4 + 6 = ____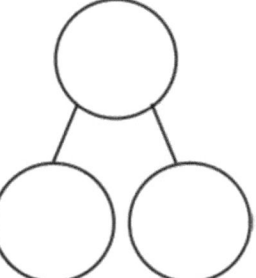

   6 + 4 = ____

   10 - 6 = ____

   10 - 4 = ____

2. 解题。

   a. 10 + 5 = ____　　　b. 13 = 10 + ____　　　c. 10 + 8 = ____

单位的故事　　　　　　　　　　　　　　　　　　　　　第2课课堂反馈条　2•1

姓名 _____　　　　日期 _____

解题。

1.
- a. $10 + 3 =$ ____
- b. $30 + 4 =$ ____
- c. $60 + 5 =$ ____
- d. $90 + 1 =$ ____

2.
- a. ____ $= 10 + 7$
- b. ____ $= 20 + 9$
- c. ____ $= 70 + 6$
- d. ____ $= 90 + 8$

第2课：　练习下一个十以内和十的倍数的加法。

R（仔细阅读习题。）

老师有48个文件夹。她发给第一张桌子6个文件夹。她现在有几个文件夹？

D（画一幅画。）

W（编写并求解方程式。）

W(写一个与故事相符的陈述。)

_____

_____

_____

第3课: 加减相似单位。

单位的故事　　　　　第3课习题集　2•1

姓名 _____ 日期 _____

1. 解题。

   a. 30 + 6 = _____   b. 50 - 30 = _____

      30 + 60 = _____   51 - 30 = _____

      35 + 40 = _____   57 - 4 = _____

      35 + 4 = _____   57 - 40 = _____

2. 解题。

a. 24 + 5 = _____	b. 24 + 50 = _____
c. 78 - 3 = _____	d. 78 - 30 = _____

第3课：　加减相似单位。

3. 解题。

a. 38 + 10 = _____ 18 + 30 = _____	b. 35 - 10 = _____ 35 - 20 = _____
c. 56 + 40 = _____ 46 + 50 = _____	d. 75 - 40 = _____ 75 - 30 = _____

4. 比较57 - 2和57 - 20，它们有什么不同之处？用文字，图画或数字来解释。

拓展！

5. 安迪有28美元。他花了5美元买了一本书。
   丽莎有20美元，并又得到了3美元。
   丽莎说她的钱更多。
   用图片、数字或文字证明她是对还是错。

单位的故事 第3课课堂反馈条 2•1

姓名 _____ 日期 _____

解题。

| 1. 23 + 5 = _____ | 2. 68 - 5 = _____ |
| 3. 43 + 30 = _____ | 4. 76 - 60 = _____ |

第3课： 加减相似单位。

R（仔细阅读习题。）

马克有一根9个绿色的连接立方体棒。他的朋友给了他4个黄色的连接立方体。马克现在有多少个连接立方体？

D（画一幅画。）

W（编写并求解方程式。）

第4课： 练习20以内10的加法。

单位的故事　　　　　　　　　　　　　　　　　　　　　　第4课应用题

W（写一个与故事相符的陈述。）

_____

_____

_____

姓名 _____   日期 _____

解题。

1. $9 + 3 = $ _____	2. $9 + 5 = $ _____
3. $8 + 4 = $ _____	4. $8 + 7 = $ _____
5. $7 + 5 = $ _____	6. $7 + 6 = $ _____
7. $8 + 8 = $ _____	8. $9 + 8 = $ _____

第4课： 练习20以内10的加法。

解题。

9.	10.
10 + _____ = 12	10 + _____ = 13
9 + _____ = 12	9 + _____ = 13

11.	12.
10 + _____ = 14	10 + _____ = 16
8 + _____ = 14	7 + _____ = 16

13. 丽莎有2个蓝色小珠和9个紫色小珠。丽莎总共有多少个珠子？

丽莎一共有 个珠子。

14. 本有8支铅笔，又买了5支。本总共有几支铅笔？

第4课课堂反馈条

姓名 _____ 日期 _____

解题。

1. $9 + 6 =$ _____	2. $8 + 5 =$ _____

第4课： 练习20以内10的加法。

R（仔细阅读习题。）

米娅数了数鱼缸里所有的鱼。她数了有38条金鱼和4条黑鱼。鱼缸里有多少鱼？

D（画一幅画。）

W（编写并求解方程式。）

第5课： 练习100以内10的加法。

单位的故事　　　　　　　　　　　　　　　　　　　　　第5课应用题

W（写一个与故事相符的陈述。）

_____

_____

_____

单位的故事　　　　第5课习题集

姓名 _____　　　日期 _____

1. 解题。

a. 9 + 3 = _____ 　　　／＼ 　　　1　2	b. 19 + 3 = _____
c. 18 + 4 = _____	d. 38 + 7 = _____
e. 37 + 5 = _____	f. 57 + 6 = _____
g. 6 + 68 = _____	h. 8 + 78 = _____

第5课：　练习100以内10的加法。

2. 玛丽亚解题67 + 5如图所示。告诉玛丽亚一个更快的方法解题67 + 5。

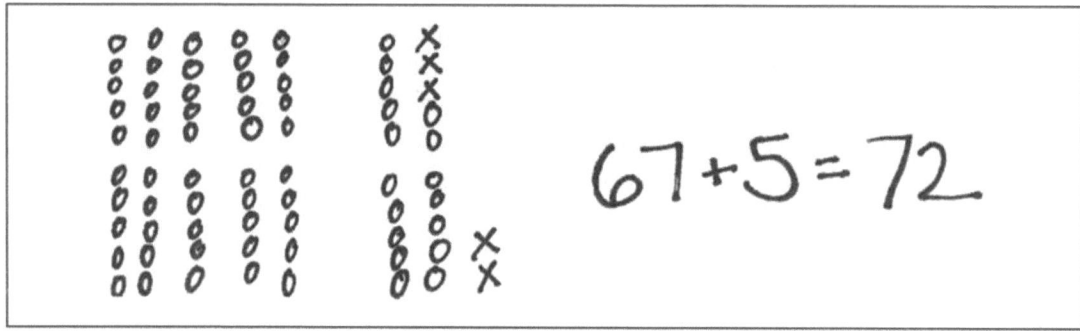

3. 使用RDW流程解题。

杰萨在海滩上收集了78枚贝壳。
苏珊比杰莎多收集了6枚贝壳。
苏珊收集了多少枚贝壳?

姓名 _____   日期 _____

解题。

a. 39 + 4 = _____

b. 58 + 7 = _____

第5课： 练习100以内10的加法。

R（仔细阅读习题。）

玛丽买了30张贴纸。她把7张放在朋友的背包里。玛丽还剩下几张贴纸？

D（画一幅画。）

W（编写并求解方程式。）

第6课： 练习100以内从10的倍数中减去一位数。

W（写一个与故事相符的陈述。）

_____

_____

_____

单位的故事 第6课习题集 2•1

姓名 _____ 日期 _____

1. 解题。

a. 20 - 9 = _____ 　　　/ \\ 　　10　10 　　　　　10 - 9 = 1 　　　　　10 + 1 = 11	b. 30 - 9 = _____
c. 20 - 8 = _____	d. 30 - 7 = _____
e. 40 - 7 = _____	f. 50 - 6 = _____
g. 80 - 6 = _____	h. 90 - 5 = _____

第6课： 练习100以内从10的倍数中减去一位数。

| i. 70 - 4 = _____ | j. 60 - 2 = _____ |

2. 填写数字键并解题。

$$90 - 9 = \_\_\_$$

___ ___

3. 展示10-6如何帮助你解题50 - 6。

4. 卡拉有70个回形针。
   她赠送了6个。
   卡拉还剩多少回形针？

卡拉剩下 __ 个回形针。

姓名 _____ **日期** _____

解题。

| 1. 70 - 4 = _____ | 2. 60 - 3 = _____ |

第6课： 练习100以内从10的倍数中减去一位数。

R（仔细阅读习题。）

里卡多给了他妹妹5块玉米饼。他开始有13块。里卡多还剩下多少炸玉米饼？

D（画一幅画。）

W（编写并求解方程式。）

W（写一个与故事相符的陈述。）

_____

_____

_____

单位的故事   第7课习题集   2•1

姓名 _____ 日期 _____

1. 解题。

a. 11 − 9 = ____ 　　∧ 　1　10	b. 12 − 9 = ____	c. 13 − 9 = ____
d. 11 − 8 = ____	e. 12 − 8 = ____	f. 13 − 8 = ____
g. 11 − 7 = ____	h. 12 − 7 = ____	i. 13 − 7 = ____

第7课：　　20以内10的减法。

2. 解题。

a. 14 - 6 = _____	b. 11 - 5 = _____	c. 16 - 7 = _____

解题。

3. 肖恩有12支铅笔。他给他的朋友们一些铅笔。现在，他还剩下7支。他送了几支铅笔？

_____

4. 维多利亚给了妈妈6根芹菜杆。她开始有13根。她还剩下多少根芹菜杆？

_____

姓名 _____   日期 _____

解题。

1.　　　　15 - 7 = _____

2.　　　　14 - 6 = _____

R（仔细阅读习题。）

艾玛有45支铅笔。削了八支铅笔。有几支铅笔没有削？

D（画一幅画。）

W（编写并求解方程式。）

第8课： 100以内10的减法。

W（写一个与故事相符的陈述。）

_____

_____

_____

单位的故事　　　　　　　　　　　　　　　　　　　　　　　　第8课习题集　2•1

姓名 _____　　　日期 _____

1. 解题。

a. $12 - 9 = $ _____ 　　/\\ 　2　10	b. $22 - 9 = $ _____	c. $42 - 9 = $ _____
d. $13 - 8 = $ _____	e. $23 - 8 = $ _____	f. $53 - 8 = $ _____
g. $14 - 6 = $ _____	h. $24 - 6 = $ _____	i. $84 - 6 = $ _____

第8课：　　100以内10的减法。

2. 解题。

a. 24 - 9 = _____	b. 36 -7 = _____	c. 53 - 6 = _____
d. 42 - 8 = _____	e. 61 - 5 = _____	f. 85 - 8 = _____

3. 瓦茨夫人有17块玉米饼。孩子们吃了一些。剩下九块炸玉米饼。孩子们吃了多少炸玉米饼？

姓名 _____ 日期 _____

解题。

| 1. 21 - 9 = _____ | 2. 34 - 8 = _____ | 3. 82 - 7 = _____ |

第8课： 100以内10的减法。

2年级

模块2

R（仔细阅读习题。）

文森特在一个碗里数30毛钱和87分钱。碗里的分币数比毛币数多多少个？

D（画一幅画。）

W（编写并求解方程式。）

W（写一个与故事匹配的陈述。）

_____

_____

_____

姓名 _____ 日期 _____

使用厘米方块来得出每个物体的长度。

1. 叉子和勺子的图片大约 _____ 厘米长。

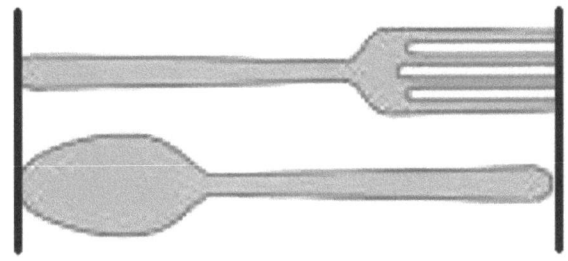

2. 锤子的图片是大约 _____ 厘米长。

3. 梳子的图片长度约为 _____ 厘米。

4. 铲子的图片长度约为 _____ 厘米。

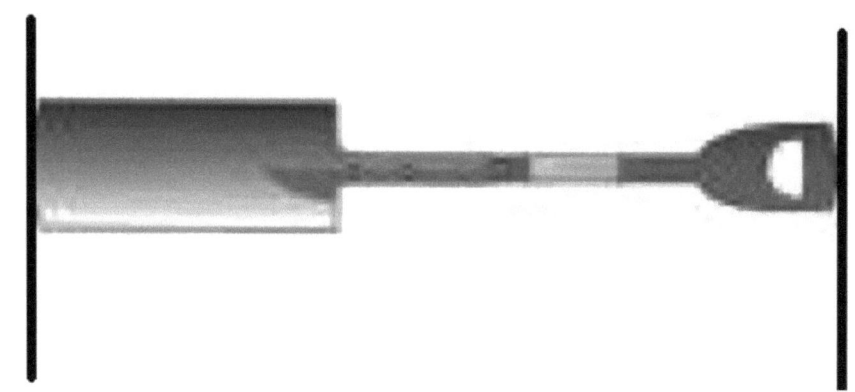

5. 蚂蚱的头长2厘米。蚂蚱身体的其余部分长7厘米。蚂蚱的总长度是多少？

6. 螺丝刀的长度为19厘米。手柄长5厘米。

    a. 螺丝刀刀杆的长度是多少？

    b. 手柄比螺丝刀的刀杆短多少？

姓名 _____ 日期 _____

萨拉把她的厘米方块排起来，以得出画笔图片的长度。

萨拉(Sara)认为画笔的图片长5厘米。

她的回答正确吗？解释为什么或者为什么不对。

_____

_____

_____

_____

R（仔细阅读习题。）

推动式，布莱恩的玩具车在地毯上移动了40厘米。

当在硬木地板上推动时，它移动了95厘米。

玩具车硬木地板上比在地毯上移动多了多少厘米？

D（画一幅画。）
W（编写并求解方程式。）

W（写一个与故事匹配的陈述。）

_____

_____

_____

姓名 _____   日期 _____

用一个厘米方块得出每个物体的长度。在测量时标记每个厘米方块的终点。

1. 橡皮擦的图片大约 _____ 厘米长。

2. 计算器的图片大约 _____ 厘米长。

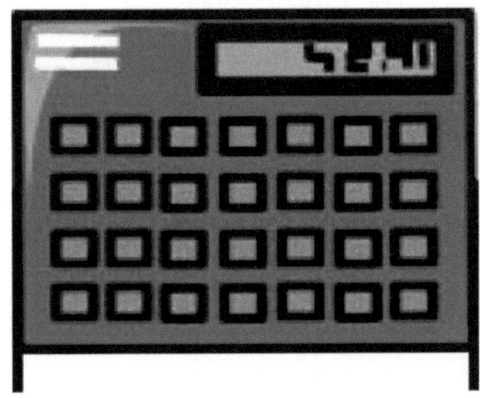

3. 信封图片的长度约为 _____ 厘米。

4. 杰拉(Jayla)测量出木偶的腿长23厘米。长7厘米,脖子和头共长10厘米。木偶的总长度是多少?

5. 以利亚开始用厘米方块测量他的数学书。他划出每个立方块的终点。几次之后,他认为此过程花费的时间太长,开始猜测方块将在何处结束,然后对其进行标记。

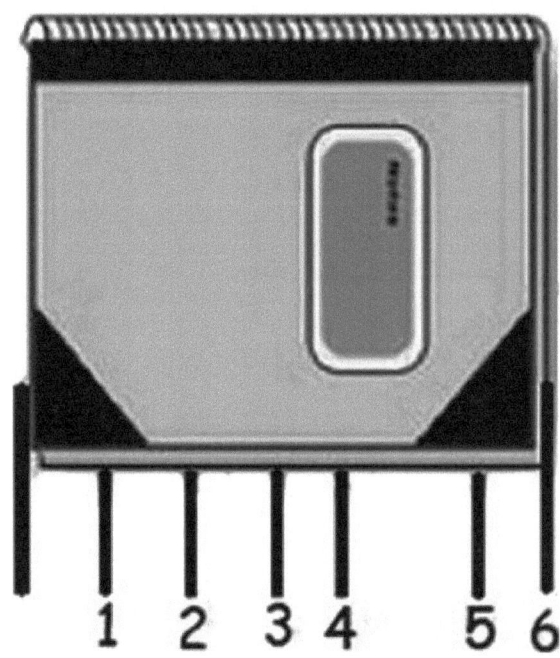

解释为什么以利亚的答案会不正确。

_____

_____

单位的故事　　　　　　　　　　　　　　　　第 2 课堂反馈条　2•2

姓名 _____　　日期 _____

马特用厘米立方块测量他的索引卡。他在测量时标记了立方块的终点。他认为索引卡长10厘米。

1 2 3 4 5 6 7 8 9 10

a. 马特的方法正确吗？解释为什么或者为什么不对。

_____
_____
_____

b. 如果您是马特(Matt)的老师，您会告诉他什么？

_____
_____
_____

第 2 课：　　反复使用同一物理单位进行测量。　　　　　　55

R（仔细阅读习题。）

杰米有65个闪光卡片。哈利比杰米多了8个卡片。

哈利有多少个闪光卡片？

D（画一幅画。）

W（编写并求解方程式。）

W （写一个与故事相符的陈述。）

_____

_____

_____

使用厘米尺测量以下物体的长度。

1. 动物足迹的图片大约 _____ 厘米长。

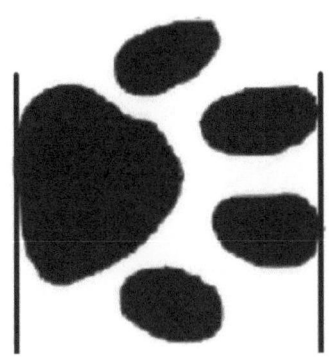

2. 乌龟的照片大约 _____ 厘米长。

3. 三明治的图片大约 _____ 厘米长。

4. 使用尺子测量并标记三角形各边的长度。

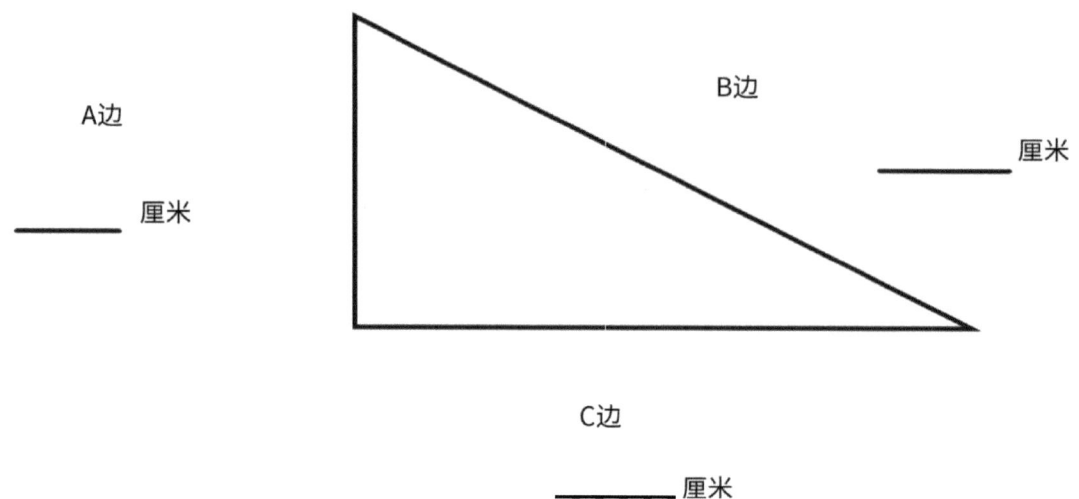

a. 哪个边最短？ A边 B边 C边

b. A边和B边的总长度是多少？ _____ 厘米

c. C边比B边短多少？ _____ 厘米

姓名 _____ 日期 _____

1. 使用厘米尺。每条线是多少厘米长？

   a. A线长_____厘米。

      A线 _____

   b. B线长_____厘米。

      B线 _____

   c. C线长_____厘米。

      C线 _____

2. 得出穿过圆心的长度。

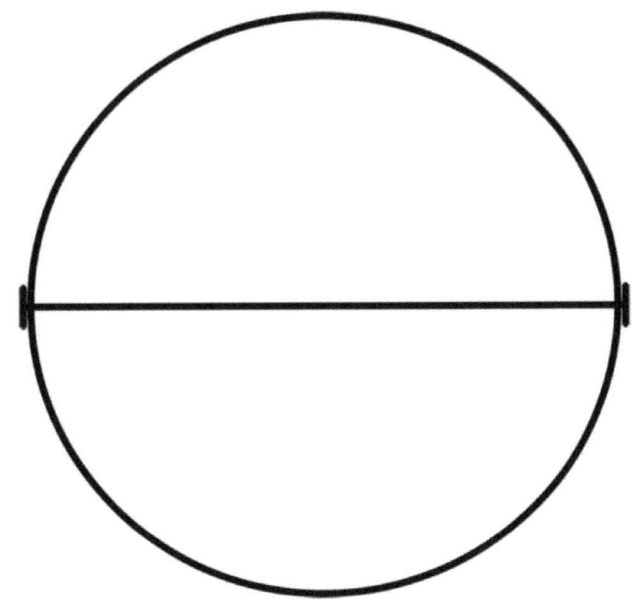

圆的长度是 _____ 厘米。

R（仔细阅读习题。）

迦勒比理查德多37美分。理查德有40分(钱)。乔有25分(钱)。迦勒有多少分？

D（画一幅画。）

W（编写并求解方程式。）

W （写一个与故事相符的陈述。）

_____

_____

_____

第 4 课： 使用厘米尺和米尺测量各种物体。

姓名 _____ 日期 _____

1. 用厘米尺测量教室里的五个物体。列出五样东西及其厘米长度。

物体名称	长度以厘米为单位
a.	
b.	
c.	
d.	
e.	

2. 用米尺或卷尺测量教室里四个东西。列出四个东西及其长度（以米为单位）。

物体名称	长度（米）
a.	
b.	
c.	
d.	

3. 列出房子中要用米尺或卷尺测量的五个东西。

   a. _____

   b. _____

   c. _____

   d. _____

   e. _____

   为什么要用米尺或卷尺而不是厘米尺测量这五个东西？

   _____

   _____

   _____

4. 从自助餐厅到健身房的距离为14米。从自助餐厅到运动场的距离是该距离的两倍。要测量从自助餐厅到操场的距离，您需要使用米尺多少次？

单位的故事　　　　　　　　　　　　　　　　　　　　第 4 课堂反馈条　2•2

姓名 _____　　日期 _____

1. 圈出 cm（厘米）或 m（米）以显示你使用哪个单位来测量每个物体的长度。

    a. 火车长度　　　　　　　　　　厘米　或　米

    b. 信封长度　　　　　　　　　　厘米　或　米

    c. 房子的长度　　　　　　　　　厘米　或　米

2. 要测量运动场的长度，更多使用米还是厘米？解释您的答案。

_____

_____

_____

_____

第 4 课：　　使用厘米尺和米尺测量各种物体。　　　　　　　67

R（仔细阅读习题。）

伊森(Ethan)的扑克牌比特里斯坦(Tristan)少8张。特里斯坦(Tristan)有50张扑克牌。

伊森有多少张扑克牌？

D（画一幅画。）

W（编写并求解方程式。）

单位的故事　　　　　　　　　　　　　　　　　　　　　　　第 5 课应用题　2•2

W（写一个与故事相符的陈述。）

_____

_____

_____

第 5 课：　　通过应用长度的已有知识并使用心理基准来制定估计方法。

姓名 _____ 日期 _____

首先，使用心理基准评估每条线的长度（以厘米为单位）。然后，用厘米尺测量每条线以得到实际长度。

1. _____

　　a. 估计：_____厘米　　　　　　　b。实际长度：_____厘米

2. _____

　　a. 估计：_____厘米　　　　　　　b. 实际长度：_____厘米

3. _____

　　a. 估计：_____厘米　　　　　　　b. 实际长度：_____厘米

4. _____

　　a. 估计：_____厘米　　　　　　　b. 实际长度：_____厘米

5. _____

　　a. 估计：_____厘米　　　　　　　b. 实际长度：_____厘米

第5课：　　通过应用长度的已有知识并使用心理基准来制定估计方法。

6. 圈出每个长度估算值的正确测量单位。

   a. 门的高度约为2（厘米/米）高。

      您使用什么基准进行估算？_____

   b. 一支笔的长度约为10（厘米/米）长。

      您使用什么基准进行估算？_____

   c. 汽车的长度约为4（厘米/米）长。

      您使用什么基准进行估算？_____

   d. 床的长度约为2（厘米/米）长。

      您使用什么基准进行估算？_____

   e. 餐盘的长度大约为20（厘米/米）长。

      您使用什么基准进行估算？_____

7. 用一支未削尖的铅笔估计书桌上3件东西的长度。

   a. _____大约_____厘米长。

   b. _____大约_____厘米长。

   c. _____大约_____厘米长。

姓名 _____ 日期 _____

1. 圈出每个物体的最合理估计值。

    a. 图钉长度　　　　　　　　　　　　　　　1厘米或1米

    b. 教室门的长度　　　　　　　　　　　　　100厘米或2米

    c. 学生剪刀的长度　　　　　　　　　　　　17厘米或42厘米

2. 估计办公桌的长度。（请记住，你的小指的宽度约为1厘米。）

    我的办公桌大约_____厘米长。

3. 知道一支未削尖的铅笔长约20厘米，如何帮助您估计从肘部到腕部的手臂长度？

_____

_____

_____

_____

第 5 课： 通过应用长度的已有知识并使用心理基准来制定估计方法。

R（仔细阅读习题。）

夏娃比乔伊矮7厘米。乔伊（Joey）高91厘米。

夏娃有多高？

D（画一幅画。）

W（编写并求解方程式。）

W （写一个与故事相符的陈述。）

_____

_____

_____

姓名 _____ 日期 _____

测量每组线（以厘米为单位），然后在线上写下长度。完成比较句。

1. A线 _____

   B线 _____

   a. A线   B线

   _____ 厘米   _____ 厘米

   b. A线比B线长约 _____ 厘米。

2. C线   _____

   D线   _____

   a. C线   D线

   _____ 厘米   _____ 厘米

   b. C线比D线短约 _____ 厘米。

第6课： 使用厘米尺和米尺测量和比较长度。

3. E线_____

   F线   _____

   G线   _____

   a. E线   F线   G线
      _____厘米_____厘米_____厘米

   b. E、F和G线合计大约是 _____ 厘米。

   c. E线比F线短约 _____ 厘米。

   d. G线比F线长大约 _____ 厘米。

   e. F线加倍比线G长约 _____ 厘米。

4. 丹尼尔测量了果园中一些幼树的高度。他想知道要达到1米的高度还需要多少厘米。填空。

   a. 90厘米 + _____ 厘米 = 1米

   b. 80厘米 + _____ 厘米 = 1米

   c. 85厘米 + _____ 厘米 = 1米

   d. 81厘米 + _____ 厘米 = 1米

5. 卡罗尔的丝带长76厘米。爱丽丝的丝带长1米。爱丽丝的丝带比卡罗尔的丝带长多少?

6. 蟋蟀跳了52厘米的距离。蚂蚱比蟋蟀跳的远9厘米。蚂蚱跳了多远?

7. 铅笔盒长24厘米,宽12厘米。长度比宽度多几厘米?

　　绘制一个长方形并标记边。

　　四个边的总长度是多少? 厘米

第6课： 使用厘米尺和米尺测量和比较长度。

单位的故事　　　　　　　　　　　　　　　　　　　　　　　　第 6 课习题票　2•2

姓名 _____　日期 _____

测量每条线的长度并进行比较。

M线 _____

N线　　　　　　　　　_____

O线　　　　　　_____

1. M线比O线长大约 _____ 厘米。

2. N线比M线短约 _____ 厘米。

3. N线加一倍比M线（长或短）大约是 _____ 厘米。

第 6 课：　　使用厘米尺和米尺测量和比较长度。　　　　81

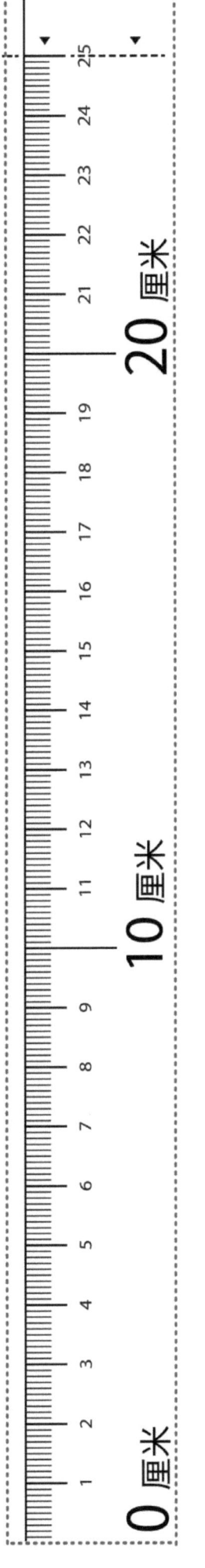
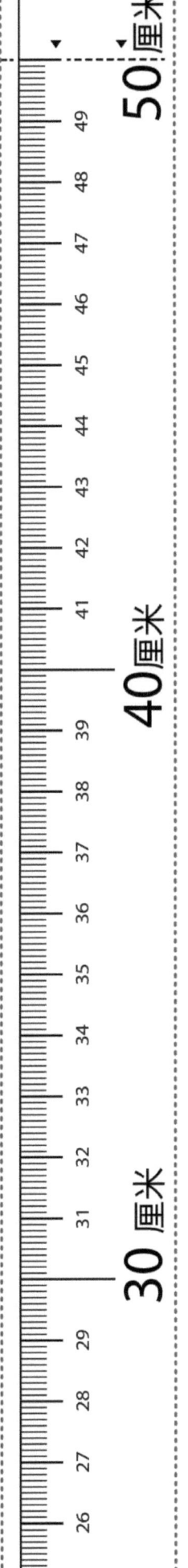
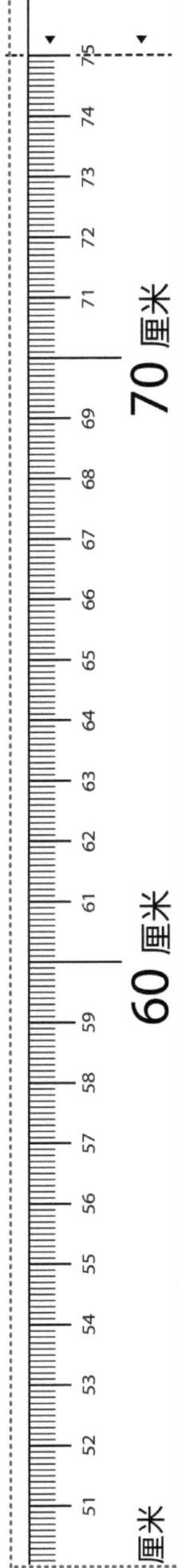
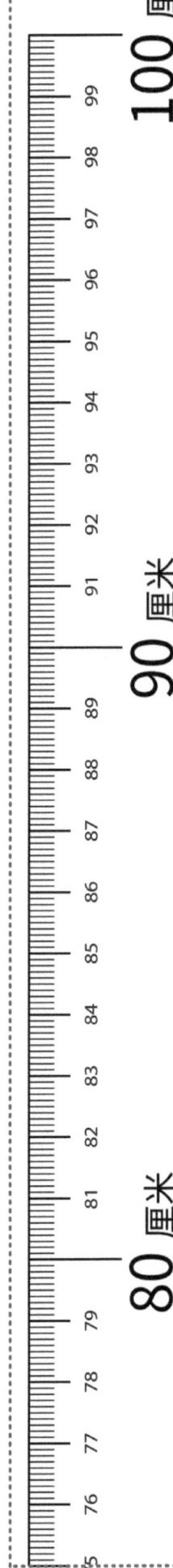

R（仔细阅读习题。）

路易吉的书比马里奥书多9本。路易吉有52本书。马里奥有多少本书？

D（画一幅画。）

W（编写并求解方程式。）

W （写一个与故事相符的陈述。）

_____

_____

_____

单位的故事 第七课习题集 2•2

姓名 _____ 日期 _____

用一个小曲别针测量每组线，使用标记并向前移动。使用尺子测量每组线（以厘米为单位）。

1. A线 _____

   B线 _____

   a. A线

   ____ 曲别针   ____ 厘米

   b. B线

   ____ 曲别针   ____ 厘米

   c. B线比A线短约 ____ 曲别针。

   d. A线比B线长约 ____ 厘米。

2. L线

   M线

   a. L线

   ____ 曲别针   ____ 厘米

   b. M线

   ____ 曲别针   ____ 厘米

   c. L线比M线长大约 ____ 曲别针。

   d. M线加一倍比L线短大约 ____ 厘米。

第七课： 使用标准公制长度单位和非标准长度单位测量和比较长度；将测量值与单位大小相关联。

3. 画一条长6厘米的线，在其下方画一条15厘米长的线。
   标记6厘米线为C，15厘米线为D.

   a. C线   D线

      _____ 曲别针   _____ 曲别针

   b. D线比C线长约 _____ 厘米

   c. C线比D线短约 _____ 曲别针。

   d. C和D线一起大约是 _____ 曲别针长。

   e. C和D线一起大约是 _____ 厘米长。

4. 克里斯蒂娜（Christina）用25分币来测量F线，用一分硬币来测量G线。

F线约6个25分币长。G线约8个分币长。克里斯蒂娜（Christina）说，G线更长，因为8比6数字大。

解释克里斯蒂娜为什么不正确。

_____

_____

姓名 _____ 日期 _____

用小曲别针然后用厘米尺测量这些线。然后，回答以下问题。

1号线 _____

2号线 _____

3号线 _____

a. 1号线

　　_____ 曲别针　　　　_____ 厘米

b. 2号线

　　_____ 曲别针　　　　_____ 厘米

c. 3号线

　　_____ 曲别针　　　　_____ 厘米

解释为什么每次测量需要的厘米尺数都多于曲别针数。

_____

_____

_____

第 7 课：　使用标准公制长度单位和非标准长度单位测量和比较长度；将测量值与单位大小相关联。

R（仔细阅读习题。）

青蛙比尔跳得比青蛙罗宾少7厘米。比尔跳了55厘米。罗宾跳了多远？

D（画一幅画。）

W（编写并求解方程式。）

W （写一个与故事相符的陈述。）

_____

_____

_____

姓名 _____   日期 _____

1.

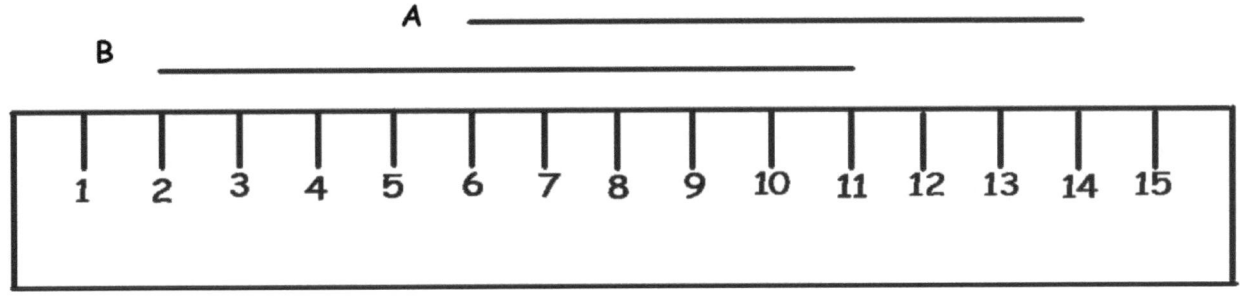

a. A 线是 _____ 厘米长。

b. B 线是 _____ 厘米长。

c. A 和 B 线一起是 _____ 厘米。

d. A 线比 B 线（长或短）_____ 厘米。

2. 蟋蟀向前跳 5 厘米，向后跳 9 厘米，然后停下来。如果蟋蟀从尺子上的 23 开始，蟋蟀最后停在哪里？在断的厘米尺上显示您的方法。

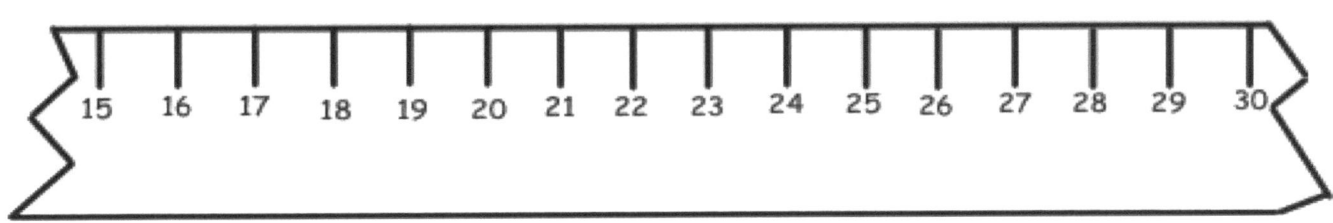

3. 下面路径的每个部分都是 4 个长度单位。路径的总长度是多少？

_____长度单位

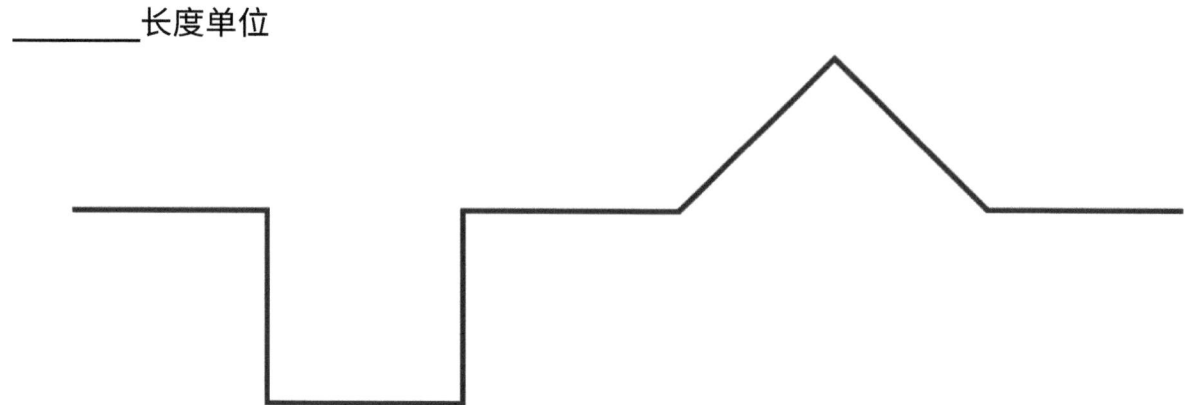

4. Ben放学回家时走了两种不同的路线，看看哪种路线最快。路线A上的所有街道长度均相同。路线B上的所有街道长度均相同。

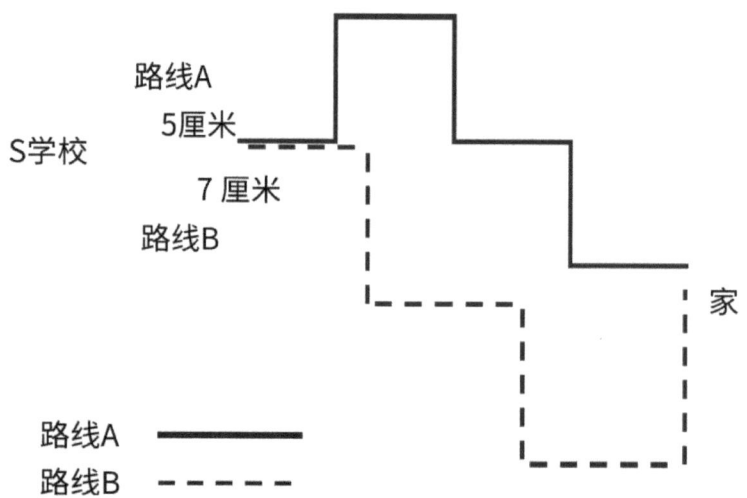

a. 路线A有多少米？ _____米

b. 路线B有多少米？ _____米

c. 路线A和路线B有什么区别？ _____米

姓名 _____ 日期 _____

1. 使用以下尺子绘制一条始于2厘米,终止于12厘米的线。把这条线标记为R。绘制另一条线,该线开始于5厘米,结束于11厘米。把该线标记为S。

   a. R线增加3厘米,S线增加4厘米。

   b. R线现在有多长? _____厘米

   c. S线现在有多长? _____厘米

   d. 新的S线比新R线(短或长)_____厘米。

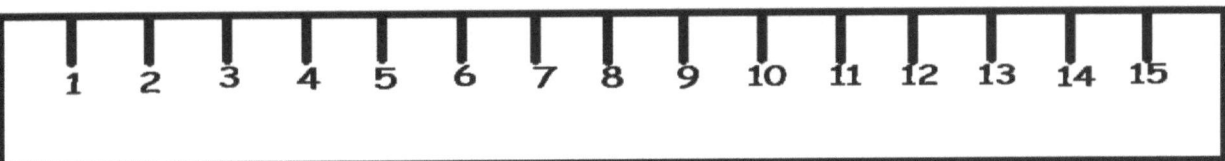

第8课: 使用尺子作为数字线解决加减法习题。

R（仔细阅读习题。）

理查德的向日葵比奥斯卡的向日葵短9厘米。理查德的向日葵高75厘米。奥斯卡的向日葵有多高？

D（画一幅画。）

W（编写并求解方程式。）

W （写一个与故事相符的陈述。）

_____

_____

_____

姓名 _____ 日期 _____

1. 首先估算一个同学的身体部位的数值，然后用软米尺测量得到实际的数值，以完成图表。

学生姓名	测量的身体部分	估计厘米数	实际测量厘米数
	颈部		
	腕部		
	头		

a. 您的估计或同学头周长实际测量值中哪个更长? _____

b. 绘制一个软尺图以比较两个不同身体部位的长度。

2. 使用细绳来测量所有三个路径。

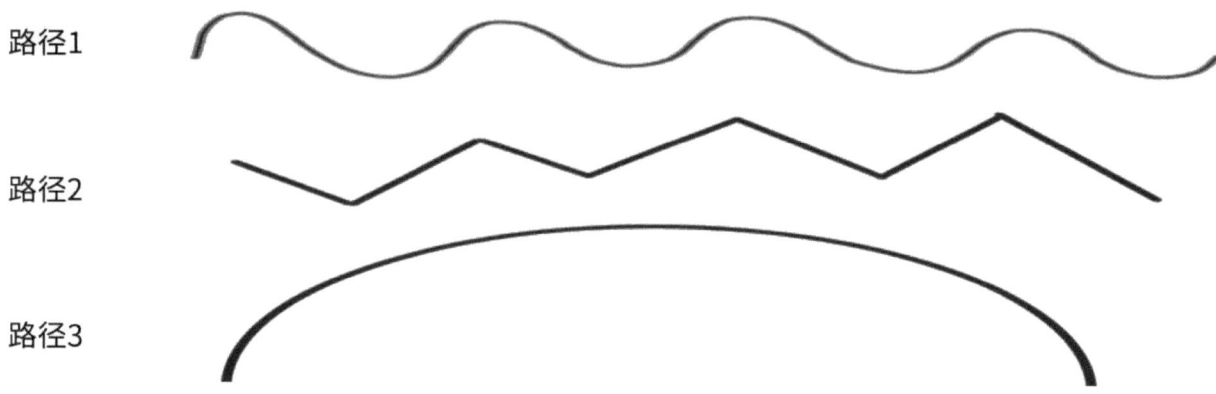

a. 哪条路最长? _____

b. 哪条路最短? _____

c. 绘制一个软尺图以比较两个长度。

3. 估算以下路径的长度（以厘米为单位）。

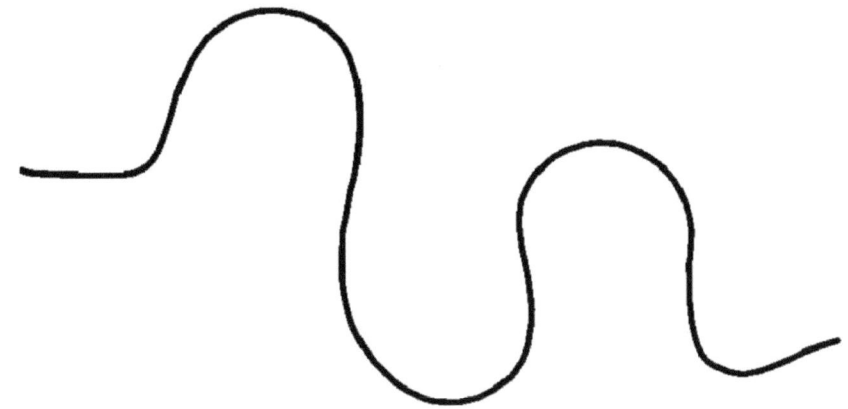

a. 该路径大约_____厘米长。

用你的绳子来测量路径的长度。然后，用软米尺测量细绳长度。

b. 路径的实际长度为_____厘米。

c. 绘制一个软尺图以比较您的估计和路径的实际长度。

姓名 _____   日期 _____

1. 使用您的细绳测量两条路径。以厘米为单位写出长度。

路径M为_____厘米长。

路径N为_____厘米长。

2. 曼迪(Mandy)测量了路径,说两条路径的长度相同。

曼迪正确吗? 对,还是不对? _____

解释为什么或为什么不对。

_____

_____

3. 绘制一个软尺图以比较两个长度。

姓名 _____   日期 _____

使用RDW流程解题。为每个步骤绘制一个软尺图。习题1已为您启动。

1. 莫拉(Maura)的丝带长26厘米。Colleen的丝带比Maura的丝带短14厘米。两条丝带的总长度是多少？

   步骤1：找出Colleen丝带的长度。

   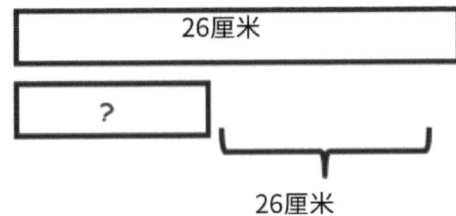

   步骤2：得到两个丝带的长度。

   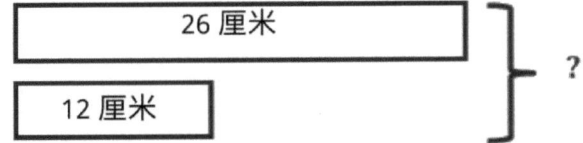

2. 杰西的积木塔高30厘米。莎拉的塔比杰西的塔矮9厘米。两座塔的总高度是多少？

   步骤1：求出Sarah塔的高度。

   步骤2：求出两座塔的高度。

3. Pam和Mark测量了他们手腕的周长。帕姆的手腕(周)长10厘米。马克的手腕比帕姆的手腕长厘米。他们四个手腕的总长度是多少？

   步骤1：求出Mark的手腕的周长。

   步骤2：求出所有四个手腕的总尺寸。

姓名 _____ 日期 _____

史蒂文（Steven）有一个黑色皮带长13厘米。他割了5厘米。他的老师给了他一条长16厘米的棕色皮带。两条皮带的总长度是多少？

2年级模块3

姓名 _____ 日期 _____

绘制个位数、十位数和百位数的模型。你的老师会告诉您要建模的数字。

单位的故事 第1课退出票 2•3

姓名 _____ 日期 _____

1. 画线以匹配并使每个陈述句为真。

   10个十 =   1个千

   10个百 =   1个十

   10个一 =   1个百

2. 圈出最大的单位。框出最小的。

   4个十   2个百   9个一

3. 绘制每个的模型,并标记以下数字。

   2个十   7个一   6个百

第1课: 将个位数、十位数和百位数打包并计数到1,000。   113

R（仔细阅读习题。）

本和他的父亲在学校烘焙销售中卖出了60块巧克力饼干。如果他们烘烤了100块饼干，他们还需要卖多少个饼干？

D（画一幅图片。）

W（编写并求解等式。）

单位的故事

W（写一个与故事相符的陈述句。）

_____

_____

_____

姓名 _____ 日期 _____

1. 绘制，标记并框选100。绘制你要从100开始计数到124的单位图片。

2. 绘制，标记并框选124。绘制你要从124开始计数到220的单位图片。

3. 画图，标记签并框选85。绘制你要从85开始计数到120的单位图片。

4. 绘制，标记并框选120。绘制你要从120开始计数到193的单位图片。

单位的故事　　　　　　　　　　　　　　　　　　　　　　第2课 退出票　2•3

姓名 _____　　日期 _____

1. 这些数丛包是百位数、十位数和个位数。每组有多少根吸管？

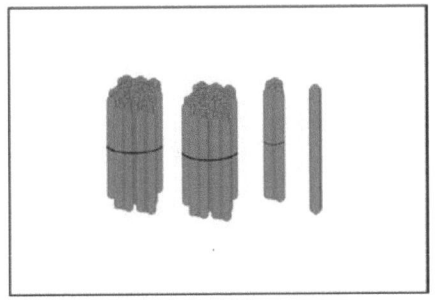

   _____ 吸管　　　　　　　　　　　　　　_____ 吸管

2. 使用个位数和十位数从96开始计数到140。使用图片展示你的作业。

3. 填空以达到基准数字。

   35岁, ____, ____, ____, ____,40, ____, ____, ____, ____, ____,100, ____,300

第生课：　使用个位数和十位数在100到220之间往上和往下计数。

R（仔细阅读习题。）

金尼尔决定他今年将骑自行车100英里。如果他到目前为止骑了64英里，那么他还必须骑多远？

D（画一幅图片。）

W（编写并求解等程式。）

W（写一个与故事相符的陈述句。）

_____

_____

_____

姓名 _____   日期 _____

1. 绘制，标记并和框选90。绘制你要从90开始计数到300的单位图片。

2. 绘制，标记并框选300。绘制你要从300开始计数到428的单位图片。

3. 绘制，标记并框选428。绘制你要从428开始计数到600的单位图片。

4. 绘制，标记并框选600。绘制你要从600开始计数到1000的单位图片。

姓名 _____ 日期 _____

1. 画一条线,使数字与你可能用来计数的单位相匹配。

   300至900　　　　　　　　　　　　个位数,十位数和百位数

   97至300　　　　　　　　　　　　　个位数和十位数

   484至1,000　　　　　　　　　　　 个位数和百位数

   743至800　　　　　　　　　　　　 百位数

2. 这些数丛包是百位数、十位数和个位数。绘图说明你如何计数到1,000。

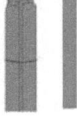

R（仔细阅读习题。）

在生日聚会上，乔伊从两个祖母那里分别得到100美元，从父亲那里得到40美元，从他妹妹那里得到5美元。乔伊为他的生日得到了多少钱？

D（画一幅图片。）

W（编写并求解等程式。）

第待课：　　在位值图表上最多计数1,000。

W（写一个与故事相符的陈述句。）

_____

_____

_____

姓名 _____   日期 _____

与你的伙伴合作。想象你的数位表。写下你如何从第一个数字开始计数到第二个数字。在捆绑的数字下面划线，使其成为一个更大的单位。

1. 476至600

2. 47至200

3. 188至510

4. 389至801

姓名 _____   日期 _____

1. 这些是10的包。如果将它们放在一起，你将构建什么单位？

   a. 一   b. 十   c. 百   d. 千

2. 这些数丛包是百位数、十位数和个位数。总共有几棒？

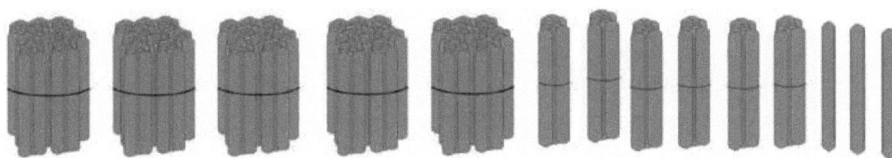

   _____

3. 想象一下数位表。写下显示从187到222的计数方法的数字。

| 单位的故事 | 第4课模板1 | 2•3 |

1	0	0	1	0	1
2	0	0	2	0	2
3	0	0	3	0	3
4	0	0	4	0	4
5	0	0	5	0	5
6	0	0	6	0	6

隐藏零卡

第4课： 在数位表上最多计数1,000。

单位的故事 第4课模板1 2•3

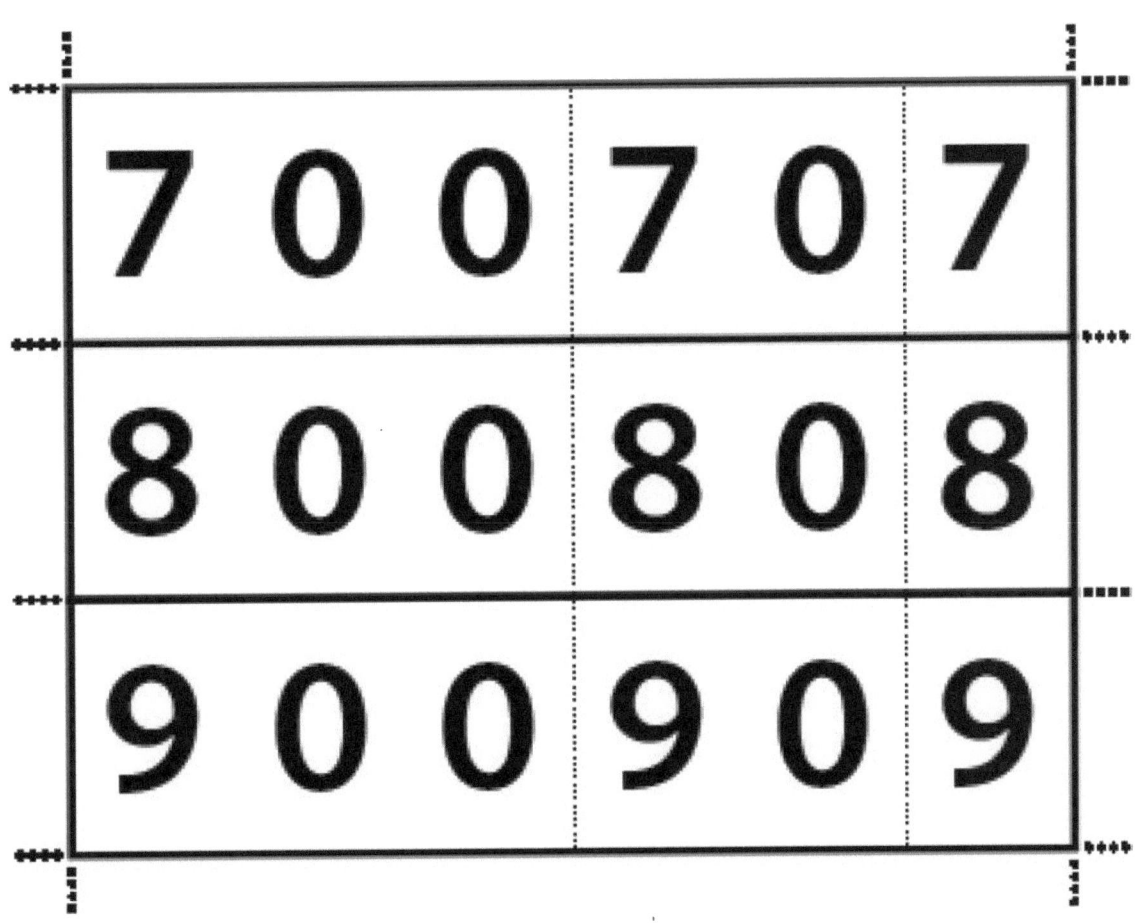

第4课: 在数位表上最多计数1,000。

个位数	
十位数	
百位数	

百位数数位表

第4课: 在数位表上最多计数1,000。

R（仔细阅读习题。）

弗雷迪有十美元的钞票，总共250美元。

   a. 弗雷迪有几张十美元的钞票？

   b. 他给了他哥哥6张十美元的钞票。他还剩下多少张十美元的钞票？

D（画一幅图片。）

W（编写并求解等程式。）

单位的故事

W（写一个与故事相符的陈述句。）

a.

b.

第分课：以单位形式写出以10为基数的三位数的数字；说明每位数的值。

单位的故事 第5课问题集 2•3

姓名 _____ 日期 _____

老师会告诉你要写在每个框中的数字。低声说出每个数字的文字形式。用数字链说明某个数中的百位数、十位数和个位数。

第5课： 以单位形式写出以10为基数的三位数的数字；说明每位数的值。

姓名 _____   日期 _____

1. 看看隐藏零卡。6的值是多少？

   a. 6   b. 600   c. 60

2. 写5个一，3个十和2个百的另一种方法是什么？

   a. 325   b. 523   c. 253   d. 235

3. 写6个十1个百8个一的另一种方式是什么？

   a. 618   b. 168   c. 861   d. 681

4. 以单位形式写905。

个位数	
十位数	
百位数	

个位数	
十位数	
百位数	

个位数	
十位数	
百位数	

个位数	
十位数	
百位数	

单个数位表

第5课： 以单位形式写出以10为基数的三位数的数字；说明每位数的值。

R（仔细阅读习题。）

猴子蒂米从树上摘了46根香蕉。当它摘完之后，还剩下50根香蕉。一开始树上有几只香蕉？

D（画一幅图片。）

W（编写并求解等程式。）

第6课： 以扩展形式写基础十的数字。

单位的故事

W（写一个与故事相符的陈述句。）

_____

_____

_____

第6课： 以扩展形式写基础十的数字。

单位的故事　　　　第6课问题集　　2•3

姓名 _____　　日期 _____

以扩展形式写每个数字,分隔每个单位的总值。

1. 231

2. 312

3. 527

4. 752

5. 201

6. 310

7. 507

8. 750

第6课：　以扩展形式写基础十的数字。

用数字形式写答案。

9. 2 + 30 + 100 =

10. 300 + 2 + 10 =

11. 50 + 200 + 7 =

12. 70 + 500 + 2 =

13. 1 + 200 =

14. 100 + 3 =

15. 700 + 5 =

16. 7 + 500 =

姓名 _____ 日期 _____

1. 用数字形式写。

    a. 10 + 10 + 1 + 1 + 100 + 100 + 100 = _____

    b. 400 + 70 + 6 = _____

    c. _____ = 9 + 700 + 10

    d. _____ = 200 + 50

    e. 2 + 600 = _____

    f. 300 + 32 = _____

2. 以扩展形式编写。

    a. 974 = _____

    b. 435 = _____

    c. 35 = _____

    d. 310 = _____

    e. 703 = _____

第6课： 以扩展形式写基础十的数字。

单位的故事　　　　　　　　　　　　　　　　　　　　　第7课活动表　2•3

姓名 _____　　日期 _____

拼写数字：2分钟内您可以正确书写多少个？

1		11		10	
2		12		20	
3		13		30	
4		14		40	
5		15		50	
6		16		60	
7		17		70	
8		18		80	
9		19		90	
10		20		100	

数字拼写活动表

第7课：　以各种形式编写，阅读和关联基础十的数字。

R（仔细阅读习题。）

比利发现一个装满钱的公文包。他算出23张十美元的钞票，2张百美元的钞票和4张一美元的钞票。公文包里有多少钱？

D（画一幅图片。）

W（编写并求解等程式。）

第7课： 以各种形式编写，阅读和关联基础十的数字。

W (写一个与故事相符的陈述句。)

_____

_____

_____

单位的故事 第7课问题集 2•3

姓名 _____ 日期 _____

匹配第1部分

将文字形式或单位形式与标准形式匹配。作为例题，习题A已为你完成。

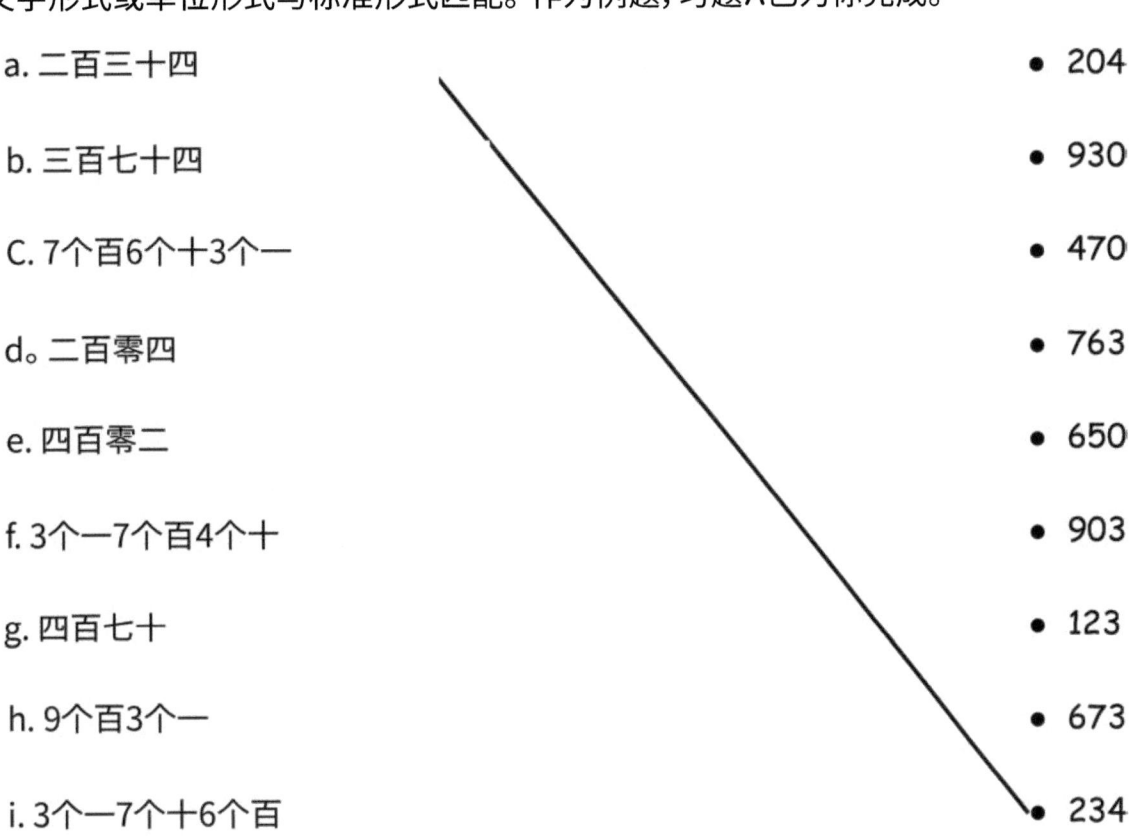

a. 二百三十四　　　　　　　　　　• 204

b. 三百七十四　　　　　　　　　　• 930

c. 7个百6个十3个一　　　　　　　• 470

d. 二百零四　　　　　　　　　　　• 763

e. 四百零二　　　　　　　　　　　• 650

f. 3个一7个百4个十　　　　　　　• 903

g. 四百七十　　　　　　　　　　　• 123

h. 9个百3个一　　　　　　　　　　• 673

i. 3个一7个十6个百　　　　　　　• 234

j. 1个十2个百3个一　　　　　　　• 374

k. 5个十6个百　　　　　　　　　　• 402

l. 九百三十　　　　　　　　　　　• 743

m. 12个十3个一　　　　　　　　　• 213

第7课：　以各种形式编写，阅读和关联基础十的数字。

匹配第二部分

匹配所有表示每个数字的方式。

a. 500 + 9

b. 四百 + 34个一

c. 60 + 800 + 3 • 434

d. 9 + 500

e. 八百六十三

f. 9个一 + 50个十 • 863

g. 四百三十四

h. 86个十 + 3个一

i. 400 + 4 + 30 • 509

j. 6个十 + 8个百 + 3个一

k. 五百零九

l. 4个一 + 43个十

单位的故事 第7课退出票 2•3

姓名 _____ 日期 _____

1. 以文字形式写342。

   _____

2. 用标准形式写。

   a. 两百二十六 _____

   b. 八百三十三_____

   c. 五百 + 56个一_____

   d. 60 + 800 + 3 _____

3. 用三种不同的方式写出17个十的值。尽可能使用最大的单位。

   a. 标准形式 _____

   b. 扩展形式 _____

   c. 单位形式 _____

第7课: 以各种形式编写,阅读和关联基础十的数字。

R（仔细阅读习题。）

斯泰西有154美元。她有14张一美元的钞票。其余的是十美元的钞票。她有几张十美元的钞票？

D（画一幅图片。）

W（编写并求解等程式。）

W（写一个与故事相符的陈述句。）

_____

_____

单位的故事　　　　　　　　　　　　　　　　　　　　　　　　　　第8课问题集　2•3

姓名 _____　　　日期 _____

使用10张钞票显示每个金额：$100、$10 和 $1。低声说出并以扩展形式写出每笔金额。将每组钞票的总价值写为数字键。

10张钞票

1.

$136 = _____

2.

_____ = $451

3.

$190 = _____

4.

_____ = $109

第8课：　　计算1美元、10美元和100美元钞票的总值，最高1,000美元。

5.

$460 = $ _____

6.

_____ $ = \$406$

7.

$550 = $ _____

8.

_____ $ = \$541$

9.

$901 = _____

10.

_____ = $910

11.

$1,000 = _____

12.

_____ = $100

单位的故事　　　　　　　　　　　　　　　　　　　　　　　　　　　　第8课退出票　2•3

姓名 _____　　日期 _____

1. 用标准和扩展格式写下面所示的货币总值。

$1		$10	$100	标准形式：
$1		$10	$100	_____
$1		$10	$100	
$1		$10		扩展形式：
$1	$1	$10		_____

2. 3张十美元的钞票和9张一美元的钞票的价值是多少？ _____

3. 绘制钞票，仅使用$1、$10 和 $100钞票说明2种不同的方式得出$142。

第8课：　　计算1美元、10美元和100美元钞票的总值，最高1,000美元。　　　167

未标记的百位数数位表

第8课: 计算1美元、10美元和100美元钞票的总值,最高1,000美元。

R（仔细阅读习题。）

莎拉每周在花园除草，可赚$10。如果她保存所有钱，她要花几周的时间才能存$150？

D（画一幅图片。）

W（编写并求解等程式。）

W（写一个与故事相符的陈述句。）

_____

_____

_____

姓名 _____   日期 _____

首先，使用个位数、十位数和百位数在数位表上对计数进行建模。然后，在空白的数线记录你的计数。

空白数线

1. 70至300

⟵――――――――――――――――――⟶

2. 300至450

⟵――――――――――――――――――⟶

3. 160至700

⟵――――――――――――――――――⟶

4. 700至870

⟵――――――――――――――――――⟶

5. 68至200

6. 200至425

7. 486至700

8. 700至982

姓名 _____ 日期 _____

1. 杰里米计数从$280到$435。使用数轴说明杰里米可以使用个位数、十位数和百位数计数的方式。

⟵——————————————————⟶

2. 使用数轴说明杰里米可能从$280计数到$435的另一种方式。

⟵——————————————————⟶

3. 使用数轴说明当你从$776计数到$900时所用的百位数、十位数和个位数的数量。

⟵——————————————————⟶

从$776数数到$900，我使用了 百位数十位数个位数。

R（仔细阅读习题。）

杰瑞是二年级学生。他在阁楼上玩耍，发现了一个尘土飞扬的旧箱子。当他打开它时，他发现了属于他祖父的东西。在一本册子中有非常酷的旧硬币和钞票收藏品。一张钞票价值$1,000。哇！杰瑞躺下来开始做白日梦。他想过要给尽可能多的人一种十美元的钞票有多好。他想到自己去年他生日时的感受，他从叔叔那里得到一张卡片，里面有一张十美元的钞票。

但更重要的是，他想着，当他在一个下雪寒冷的一天步行去上学，在雪中发现一张十美元的钞票时，会感到多么有多么幸运。也许他可以悄悄地隐藏十美元的钞票，很多人会感到就像他在那寒冷的日子里所做的那样幸运！他心想："我想知道多少十美元的钞票等于一张一千美元的钞票呢？我想知道我可以为多少人带来幸运的一天？"

第10课： 探讨1,000美元。我们用多少张10美元的钞票可以兑换一张一千美元的钞票？

姓名 _____ 日期 _____

杰里想知道："多少张$10的钞票等于$1000的钞票？"

与你的伙伴合作回答杰里的问题。使用文字,图片或数字来说明你的解决方案。问自己:我可以画点东西吗？我可以画什么？我可以从绘画中学到什么？切记将答案写为陈述句。

单位的故事 第10课退出票 2•3

姓名 _____ 日期 _____

杰里想知道:"多少张$10的钞票等于$1,000的钞票?"

思考同学们用来回答杰里的问题的不同策略。使用喜欢的不同于你的策略再次回答问题。使用文字,图片或数字来说明该策略为何也有效。

第10课: 探讨1,000美元。我们用多少张10美元的钞票可以兑换一张一千美元的钞票?

单位的故事　　　　　　　　　　　　　　　　　　　　　　　　　　　第11课应用题　2•3

R（仔细阅读习题。）

萨曼莎正在帮助老师在她的教室里整理铅笔。

她发现41支黄色铅笔和29支蓝色铅笔。她扔掉了12支太短的铅笔。一共剩下几支铅笔？

D（画一幅图片。）

W（编写并求解等程式。）

第11课：　用数位盘计算个位数、十位数和百位数的总值。

W（写一个与故事相符的陈述句。）

_____

_____

_____

姓名 _____ 日期 _____

1. 使用尽可能少的方块或圆盘在数位表上对数字进行建模。

   伙伴A，使用基础十的方块。
   伙伴B，使用数位盘。
   比较数字的外观。
   以标准形式和单位形式低声说出数字。

   a. 12

   b. 124

   c. 104

   d. 299

   e. 200

2. 依次使用尽可能少的数位盘对以下数字进行建模。以标准形式和单位形式低声说出数字。

   a. 25   f. 36

   b. 250   g. 360

   c. 520   h. 630

   d. 502   i. 603

   e. 205   j. 306

第11课： 用数位盘计算个位数、十位数和百位数的总值。

姓名 _____ 日期 _____

1. 说出以下数字的值。

   a.   b.

   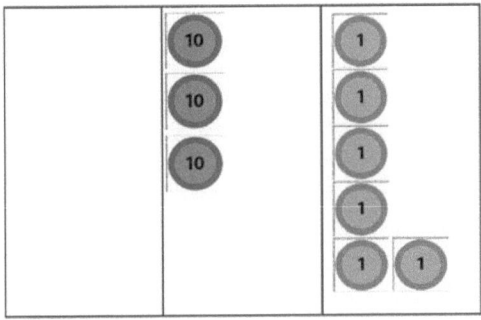   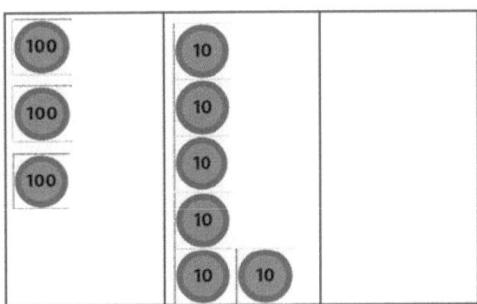

   a. _____   b. _____

2. 填写以下句子，讲述从36到360的变化。

   a. 我把_____变成_____。

   b. 我把_____变成_____。

R（仔细阅读习题。）

柯莱特使用124块曲奇可以制作多少个10块曲奇的包装？

她需要多少曲奇才能完成另一个10包装的包？

D（画一幅图片。）

W（编写并求解等程式。）

W（写一个与故事相符的陈述句。）

_____

_____

_____

第12课： 将10个一换为1个十，将10个十换为1个一百，将10个一百换为1个一千。

单位的故事 第12课问题集 2•3

姓名 _____ 日期 _____

使用**数位盘**从582开始计数到700。如必要可转换为较大单位。

当你从 582开始计算 到 700时：

你达到以下数字时，是否转换到较大单位？	**是，**我转换了来组成：	**没有，**我需要_____
1. 590?	1个十 1个百	____个一。 ____个十。
2. 600?	1个十 1个百	____个一。 ____个十。
3. 618?	1个十 1个百	____个一。 ____个十。
4. 640?	1个十 1个百	____个一。 ____个十。
5. 652?	1个十 1个百	____个一。 ____个十。
6. 700?	1个十 1个百	____个一。 ____个十。

第12课： 将10个一换为1个十，将10个十换为1个一百，将10个一百换为1个 一千。

姓名 _____　　日期 _____

1. 匹配以显示当量值。

   a. 10个一　　　　　　　　　　　1个百

   b. 10个一　　　　　　　　　　　1个千

   c. 10个百　　　　　　　　　　　1个十

2. 在数位表上绘制圆盘以显示348。

   a. 还需要多少个一才能构成十？　　　　　　_____ 个一

   b. 多少个十就可以构成一百？　　　　　　　_____ 个十

   c. 还需要多少个一百才能构成一千？　　　　_____ 个百

第12课：　将10个一换为1个十，将10个十换为1个一百，将10个一百换为1个一千。

R（仔细阅读习题。）

莎拉的妈妈买了4盒饼干。每个盒子有3个较小的包装，每包10块。4个盒子里有多少饼干？

D（画一幅图片。）

W（编写并求解等式。）

W（写一个与故事相符的陈述句。）

_____

_____

_____

姓名 _____   日期 _____

绘制数位盘以显示数字。

1. 72

2. 427

3. 713

4. 171

5. 187

6. 705

完成后,低声朗读单位形式和文字形式的每个数字。每个数字还需要多少才能构成十?构成一百?

第13课: 使用数位盘建模后,在1,000内读写数字。

单位的故事　　　　　　　　　　　　　　　　　　　　　　　　　　　　第13课退出票　2•3

姓名 _____　日期 _____

1. 绘制数位盘以显示数字。

   a. 560

   b. 506

2. 在数线上绘制并标记跳跃,从0到141。

第13课：　使用数位盘建模后,在1,000内读写数字。

← ─── →

← ─── →

← ─── →

← ─── →

← ─── →

空白数线

第13课： 使用数位盘建模后，在1,000内读写数字。

R（仔细阅读习题。）

小学二年级有23名学生。所有学生的手指总数是多少？

D（画一幅图片。）

W（编写并求解等式。）

W（写一个与故事相符的陈述句。）

_____

_____

_____

姓名 _____ 日期 _____

1. 当用数位盘显示数字时,耳语计数。

   a.

   | 用十位数和个位数绘制18。 | 仅使用个位数绘制18。 |

   b.

   | 使用百位数,十位数和个位数绘制315。 | 仅使用百位数和个位数绘制315。 |

c.

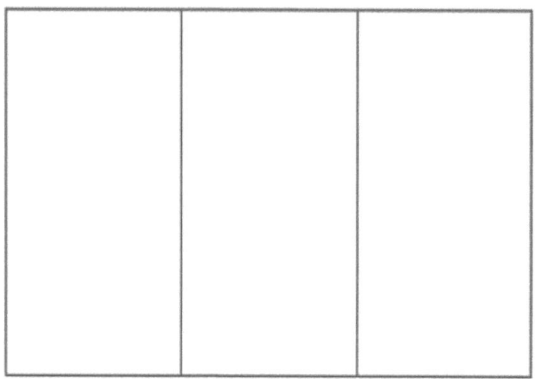
使用百位数个,十位数和个位数绘制206。

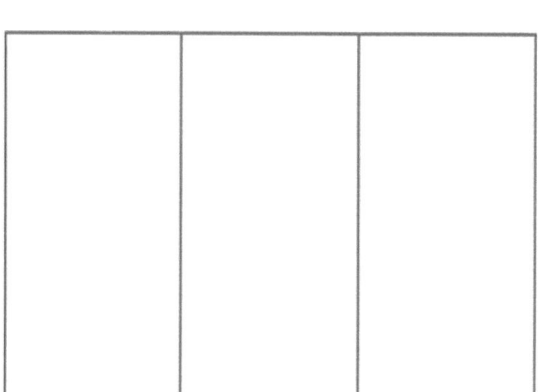
仅使用十位数和个位数绘制206。

2. 填空时,低声交谈数字和文字。首先使用习题1中的位值图表来帮助您。

   a. 18 = _____ 百 _____ 十 _____ 一

   18 = _____ 一

   b. 315 = _____ 百 _____ 十 _____ 一

   315 = _____ 百 _____ 一

   c. 206 = _____ 百 _____ 十 _____ 一

   206 = _____ 十 _____ 一

   d. 419 = _____ 百 _____ 十 _____ 一

   419 = _____ 十 _____ 一

e. 570 = _____ 百 _____ 十

570 = _____ 十

f. 748 = _____ 百 _____ 一

748 = _____ 十 _____ 一

g. 909 = _____ 百 _____ 一

909 = _____ 十 _____ 一

3. 埃尔南德斯先生的班级想用401 × 10 的棒材与哈灵顿先生的班级 换成数百个扁钢。几百个扁钢等于400 × 10 的棒材?

单位的故事   第14课退出票 2•3

姓名 _____   日期 _____

1. 当用数位盘显示数字时,耳语计数。

   a. 使用百位数,十位数和个位数绘制241。

   b. 仅使用十位数和个位数绘制241。

2. 填空。

   a. 45 = _____ 百 _____ 十 _____ 一

      45 = _____ 一

   b. 682 = _____ 百 _____ 十 _____ 一

      682 = _____ 百 _____ 一

单位的故事　　　　　　　　　　　　　　　　　　　　　　第15课问题集　2•3

姓名 _____ 和 _____　　　　日期 _____

铅笔每盒10支。

有14个盒。

1. 一共有几支铅笔？使用文字，图片或数字说明你的答案。

2. 校长希望在10月，11月和12月为300年级的学生提供300支铅笔。他还需要几盒铅笔？使用文字，图片或数字说明你的答案。

第15课：　　探讨大于9组，每组十的情况。　　　　　211

3. 校长在供应壁橱中发现了7盒，在办公桌抽屉中发现了4盒。现在他有二年级学生想要的数量了吗？使用文字，图片或数字说明你的答案。

4. 你认为一月，二月，三月和四月班级需要几盒铅笔？那是多少支铅笔？使用文字，图片或数字说明你的答案。

姓名 _____ 日期 _____

考虑同学们用来回答铅笔问题的不同策略和工具。用文字,图片或数字说明你喜欢的但<u>不同于</u>你的策略。

第15课： 探讨大于9组,每组十的情况。

R（仔细阅读习题。）

在休息时，黛安不停地跳绳65次。彼得不停地跳了20次绳子。戴安娜跳绳的次数比彼得多多少次？

D（画一幅图片。）

W（编写并求解等式。）

第16课： 比较两个三位数的数字，使用符号 <，> 和 =。

W（写一个与故事相符的陈述句。）

_____

_____

_____

第16课： 比较两个三位数的数字，使用符号 < , > 和 = 。

单位的故事　　　　　　　　　　　　　　　　　　　　　　　　第16课问题集　2•3

姓名 _____　　　日期 _____

1. 使用数位盘在数位表上绘制以下数字。回答以下问题。

   a. 132　　　　　　　　　b. 312　　　　　　　　　c. 213

   d. 哪个数最大？ _____

   e. 那个数最小？ _____

   f. 按从小到大的顺序排列数字： _____, _____, _____

2. 圈出小于或大于。轻声说出完整的算式。

a. 97小于/大于102。	f. 361小于/大于367。
b. 184小于/大于159。	g. 705小于/大于698。
c. 213小于/大于206。	h. 465小于/大于456。
d. 299小于/大于300。	i. 100 + 30 + 8小于/大于183。
e. 523小于/大于543。	j. 3个十和5个一小于/大于32。

第16课：　　比较两个三位数的数字，使用符号 <，> 和 = 。

217

单位的故事

3. 写符号 >，<，或 =。解题时轻声说出完整的数字算式。

   a. 900 ◯ 899

   b. 267 ◯ 269

   c. 537 ◯ 527

   d. 419 ◯ 491

   e. 908 ◯ 九百八十

   f. 130 ◯ 80 + 40

   g. 二百七十一 ◯ 70 + 200 + 1

   h. 500 + 40 ◯ 504

   i. 10个十 ◯ 101

   j. 4个十2个一 ◯ 30 + 12

   k. 36 - 10 ◯ 2个十5个一

4. 诺亚和查理有作业题。

   诺亚认为42个十是小于 390。

   查理认为42个十是大于 390。

   谁是正确的？在下面说明你的想法。

   _____

   _____

   _____

第16课： 比较两个三位数的数字，使用符号 <，> 和 = 。

姓名 _____ 日期 _____

写符号 > , < , 或 =。

1. 499 ◯ 500

2. 179 ◯ 177

3. 431 ◯ 421

4. 703 ◯ 七百三十三

5. 2个一百70个一 ◯ 70 + 200 + 1

6. 300 + 60 ◯ 306

7. 4个十2个一 ◯ 30 + 12

8. 3个十7个一 ◯ 45 - 10

R（仔细阅读习题。）

达西星期二在沙滩上散步，收集了35块岩石。前一天，她收集了28块。她星期一收集的岩石比星期二少了多少？

D（画一幅图片。）

W（编写并求解等式。）

W（写一个与故事相符的陈述句。）

_____

_____

_____

第17课： 比较两个三位数的数字，使用符号 < , > 和 = 当大于9个一或9个十时。

姓名 _____   日期 _____

1. 当用数位盘显示数字时,低声计数。圈出符号 > , < ,或 = 。

   a. 使用百位数,十位数和个位数绘制217。

   b. 绘制21个十和7个一。

   <
   =
   >

   c. 绘制1个一百和17个一

   d. 绘制1个百1个十和7个一。

   <
   =
   >

第17课: 比较两个三位数的数字,使用符号 < , > 和 = 当大于9个一或9个十时。

2. 求出小于（<），等于（=），或大于（>）符号。轻声说出完整算式。

   a. 9个十是 _____ 88。

      小于
      等于
      大于

   b. 132是 _____ 13个十2个一

      小于
      等于
      大于

   c. 102是 _____ 15个十2个一

      小于
      等于
      大于

   d. 199是 _____ 20个十

      小于
      等于
      大于

   e. 62个十3个一是   < = >   623。

   f. 80 + 700 + 2是   < = >   八百七十二。

   g. 8 + 600是   < = >   68个十

   h. 七百一十三是   < = >   47个十 + 23个十

   i. 18个十 + 4个十是   < = >   29个十 - 5个十

   j. 300 + 40 + 9是   < = >   34个十

3. 写符号 >，<，或 = 。

   a. 99 ◯ 10个十

   b. 116 ◯ 11个十5个一

   c. 2个百37个一 ◯ 237

   d. 三百二十 ◯ 34个十

   e. 5个百2个十4个一 ◯ 53个十

   f. 104 ◯ 1个百4个十

   g. 40 + 9 + 600 ◯ 9个一64个十

   h. 700 + 4 ◯ 74个十

   i. 二十二个十 ◯ 两百一十二个一

   j. 7 + 400 + 20 ◯ 42个十7个一

   k. 5个百24个一 ◯ 400 + 2 + 50

   l. 69个十 + 2个十 ◯ 710

   m. 20个十 ◯ 两百一十个一

   n. 72个十 - 12个十 ◯ 60

   o. 84个十 + 10个十 ◯ 9个百4个一

   p. 3个百21个一 ◯ 18个十 + 14个十

姓名 _____ 日期 _____

1. 当用位值磁盘显示数字时,耳语计数。圈出符号 > , < , 或 = 。

   a. 使用百位数,十位数和个位数绘制142。　　b. 绘制12个十4个一。

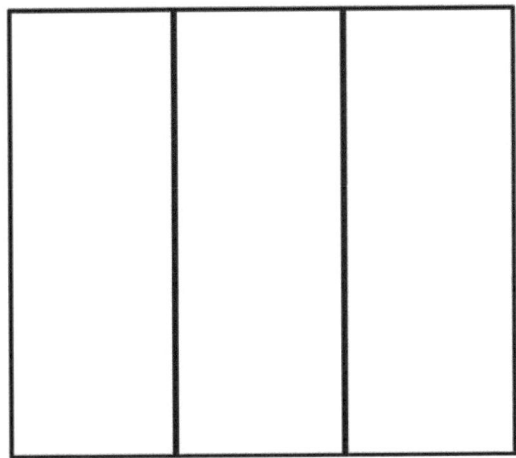　　<　=　>　　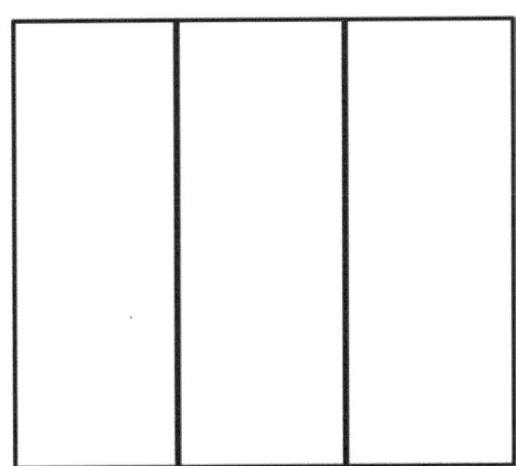

2. 写出符号 > , < , 或 =。

   a. 1个百6个十　◯　106

   b. 74个十　◯　700 + 4

   c. 三十个十　◯　300

   d. 21个一3个百　◯　31个十

R（仔细阅读习题。）

对于一个艺术项目，丹尼尔收集的枫叶比橡树叶少15片。他收集了60片橡树叶。他收集了几片枫叶？

D（画一幅图片。）

W（编写并求解等式。）

W（写一个与故事相符的陈述句。）

_____

_____

_____

姓名 _____   日期 _____

1. 您认为最好的地方价值图表上绘制以下值。

   a. 1个百19个一

   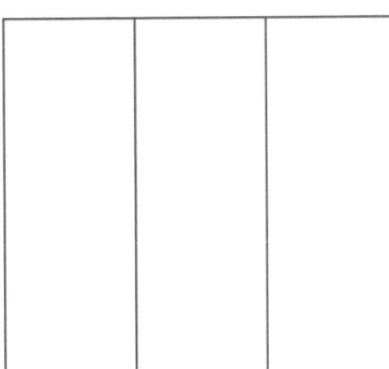

   b. 3个一12个十

   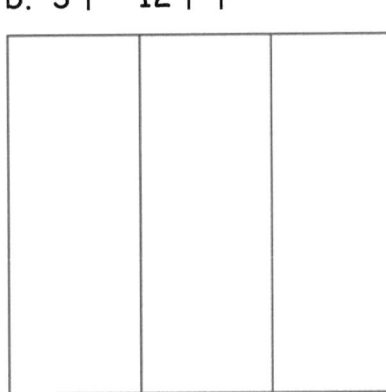

   c. 120

   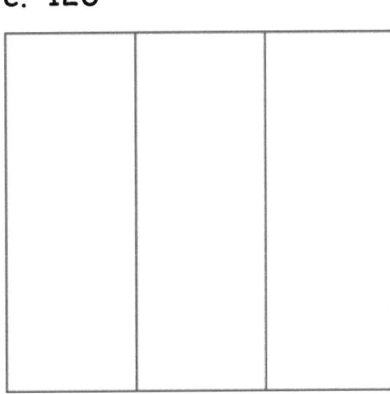

   d. 按从小到大的顺序排列数字：_____, _____, _____

2. 以标准形式从小到大的顺序排列以下内容。

   a. 436   297   805   _____, _____, _____

   b. 317   三百七十   307   _____, _____, _____

   c. 826   2 + 600 + 80   200 + 60 + 8   _____, _____, _____

   d. 5个百9个一   51个十9个一   591   _____, _____, _____

   e. 16个一7个百   6 + 700 + 10   716   _____, _____, _____

3. 按标准形式从大到小的顺序排列以下内容。

   a. 731   598   802   _____, _____, _____

   b. 82个百   八百一十二个一   128   _____, _____, _____

   c. 30 + 3 + 300   30个十   3个一   300 + 30   _____, _____, _____

   d. 4个一 1个百   4个十 + 10个十   114   _____, _____, _____

   e. 19个一6个百   196   90 + 1个 + 600   _____, _____, _____

4. 写符号 > ， < ，或 = 。在工作时，解题时轻声说出完整的数字算式。

   a. 700 ◯ 599 ◯ 388

   b. 四百零九409 ◯ 9 + 400 ◯ 490

   c. 63个十 + 9个十 ◯ 七百二十 ◯ 720

   d. 12个一8个百 ◯ 2 + 80 + 100 ◯ 128

   e. 9个百3个一 ◯ 390 ◯ 三百零九

   f. 80个十 + 2个一 ◯ 837 ◯ 3 + 70 + 800

单位的故事　　　　　　　　　　　　　　　　　　　　　　　　　第18课退出票　2•3

姓名 _____　　　日期 _____

1. 以标准形式从小到大的**顺序排列**以下内容。

   a. 426　152　801　　　　　　　　　　　　_____, _____, _____

   b. 六百二十　206　60个十 2个一　　　　　　_____, _____, _____

   c. 300 + 70 + 4　3 + 700 + 40　473　　　　_____, _____, _____

2. 按标准形式从大到小的**顺序排列**以下内容。

   a. 4个百12个一　421　10 + 1个 + 400　　　_____, _____, _____

   b. 8个一5个百　185　5 + 10 + 800　　　　　_____, _____, _____

第18课：　　以不同的形式给数字排序。（选修）　　　233

Copyright © Great Minds PBC

R（仔细阅读习题。）

帕尔默先生的二年级班级正在收集罐子以进行回收。阿德里安收集了362罐，杰德收集了392罐，以赛亚收集了562罐。以赛亚收集的罐头比阿德里安多多少罐？

扩展： 阿德里安收集的罐头比杰德少多少？

D（画一幅图片。）

W（编写并求解等式。）

W（写一个与故事相符的陈述句。）

_____

_____

_____

姓名 _____   日期 _____

1. 在你的数位表上为每个变更建模。然后,填写图表。轻声说出完整的算式:
   "_____加/减_____是_____。"

	242	153	312	465
100加				
减100				
10加				
减10				
1加				
减1				

2. 填空。轻声说出完整的算式。

   a. 1加314是 _____。

   b. 10加428是 _____。

   c. 635减100是 _____。

   d. _____加243是343。

   e. 578减_____是568。

   f. 199减_____是198。

   g. 1加_____是405。

   h. _____减10是372。

   i. _____减100是739。

   j. _____减10是946。

第19课: 建模并使用语言来讲述大1和小1,大10和小10,大100和小100。

3. 计算时低声说出数字：

   a. 以1为单位从367计数到375。

   b. 以10为单位从422跳数到492。

   c. 以100为单位从156跳数到856。

   d. 以1为单位从369计数到261。

   e. 以10为单位从581跳数到511。

   f. 以100为单位从914跳数到314。

   g. 我发现第_____题比较困难，因为 _____
   _____。

4. 我的起始数字是217。

   我以100为单位跳数七次。

   我计数的最后一个数字是多少？

   在下面说明你的想法。

姓名 _____ 日期 _____

填空。

a. 10加239是 _____。

b. 524减100是 _____。

c. _____加352是362。

d. _____加467是567。

e. 1加_____是601。

f. _____减10是241。

g. _____减100是878。

h. 10加_____是734。

R（仔细阅读习题。）

市场上的货架上摆放着399罐婴儿食品。一些罐子掉下来摔坏了。架子上仍然有389个罐子。多少罐子破了？

D（画一幅图片。）

W（编写并求解等式。）

W（写一个与故事相符的陈述句。）

_____

_____

单位的故事　　　　　　　　　　　　　　　　　　　　　　　　　　第20课问题集　2•3

姓名 _____　日期 _____

1. 在你的数位表上与你伙伴对每道题建模。然后，填空并圈出所有适用的内容。解释你的想法。

   a. 1加39是 _____。

   　　我们组成了一个 _____。

   ｜一　十　百｜

   b. 10加190是 _____。

   　　我们组成了一个 _____。

   ｜一　十　百｜

   c. 10加390是 _____。

   　　我们组成了一个 _____。

   ｜一　十　百｜

   d. 1加299是 _____。

   　　我们组成了一个 _____。

   ｜一　十　百｜

   e. 10加790是 _____。

   　　我们组成了一个 _____。

   ｜一　十　百｜

2. 填空。轻声说出完整的算式。

   a. 120减1是 _____。

   b. 10加296是 _____。

   c. 229减100是 _____。

   d. _____加598是608。

   e. _____加839是840。

   f. 938减_____是838。

   g. 10加_____是306。

   h. _____减100是894。

   i. _____减10是895。

   j. 1加_____是1,000。

第20课：　在更改百位数位置时，为大1和小1、大10和小10 以及大100和小100建模。

243

3. 计算时低声说出数字：

   a. 以1为单位从106计数到115。

   b. 以10为单位从467计数到527。

   c. 以100为单位从342计数到942。

   d. 以1为单位从325计数到318。

   e. 以10为单位从888跳数到808。

   f. 以100为单位从805跳数到5。

4. 珍妮爱跳绳。

   每次她跳时，她的跳数都增加了10个单位。

   她在77开始了她的第一跳，这是她最喜欢的数字。

   珍妮必须跳多少次才能达到147？

   在下面说明你的想法。

姓名 _____   日期 _____

1. 填空,然后圈出正确的答案。

   1加209是 _____。

   我们组成了一个 _____。

一
十
百

2. 填空。轻声说出完整的算式。

   a. 150减1是 _____。

   b. 10加394是 _____。

   c. 607减 _____ 是597。

   d. 10加 _____ 是716。

   e. _____ 减100是894。

   f. 1加 _____ 是900。

R（仔细阅读习题。）

拉希姆正在读一本非常令人兴奋的书！他在阅读第98页。如果他每天阅读10页，那么3天内他会在哪一页上？

D（画一幅图片。）

W（编写并求解等式。）

W（写一个与故事相符的陈述句。）

_____

_____

_____

姓名 _____ 日期 _____

1. 计算时低声说出数字：

   a. 以1为单位从326计数到334。

   b. 以10为单位从472跳数到532。

   c. 以10为单位从930跳数到860。

   d. 以100为单位从708跳数到108。

2. 求出模式。填空。

   a. 297、298, _____, _____, _____, _____

   b. 143、133, _____, _____, _____, _____

   c. 357、457, _____, _____, _____, _____

   d. 578、588, _____, _____, _____, _____

   e. 132, _____, 134, _____, _____, 137

   f. 409, _____, _____, 709、809, _____

   g. 210, _____, 190, _____, _____, 160、150

3. 填写图表。

a.

72	73			76	
			85		
		94			97
			106	
		115		

b.

	345	346		
	354			
		366		
			377	
	385			

姓名 _____   日期 _____

求出模式。填空。

1. 109 _____, 111, _____, _____, 114

2. 710, _____, 690, _____, _____, 660, 650

3. 342, _____, _____, 642, 742, _____

4. 902, _____, _____, 872, _____, 852

鸣谢

Great Minds®竭尽全力获得转载所有版权教材的许可。如有任何版权材料的拥有人未在此获得认可，请联系Great Minds联系，以在未来的版本以及本模块的重印中获得正确的认可。

Printed by Libri Plureos GmbH in Hamburg, Germany